启航篇

奇奇怪怪的生物

这不科学啊　著

中信出版集团 | 北京

图书在版编目（CIP）数据

奇奇怪怪的生物 / 这不科学啊著 . -- 北京 : 中信
出版社 , 2022.8
（米吴科学漫话 . 启航篇）
ISBN 978-7-5217-4407-1

Ⅰ . ①奇… Ⅱ . ①这… Ⅲ . ①生物学－青少年读物
Ⅳ . ① Q-49

中国版本图书馆 CIP 数据核字 (2022) 第 078070 号

奇奇怪怪的生物
（米吴科学漫话 · 启航篇）
著者 ：　　这不科学啊
出版发行 ：中信出版集团股份有限公司
　　　　　（北京市朝阳区惠新东街甲 4 号富盛大厦 2 座　邮编　100029 ）
承印者 ：　北京尚唐印刷包装有限公司

开本 ：787mm×1092mm　1/16　　　　　印张 ：45　　　　字数 ：565 千字
版次 ：2022 年 8 月第 1 版　　　　　　　印次 ：2022 年 8 月第 1 次印刷
书号 ：ISBN 978–7–5217–4407–1
定价 ：228.00 元（全 6 册）

目 录

人物介绍

安可霏

喜欢浪漫幻想的女生。

经常与米吴争吵，但心地善良，内心戏丰富，是个科学小白，有乌鸦嘴属性。

喜欢画画，经常拿着一个画板。画得还不错，但风格抽象，别人难以欣赏。

米吴

头脑聪明，爱探索和思考的少年。

性情较为温和，生性懒散，喜欢睡觉。

获得科学之印后被激发了探索真理和研究科学的热情。

胖尼狗

伴随科学之印出现的神秘机器人，平时藏在米吴的耳机中。

胖尼有查询资料、全息投影等能力，但要靠米吴的科学之印才能启动。

随着科学之印的填充，胖尼会不断获得新零件，最后拼成完整的身体。

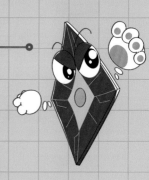

乌拉

乌德三兄弟之一，乌兹的哥哥，身披豹纹围巾，裤子也是豹纹的。

阿尔迪

11岁的尼安德特人小女孩。身高1.3米。下肢比人类短，很健壮！

01 | 第一章
动物大乱斗（上）

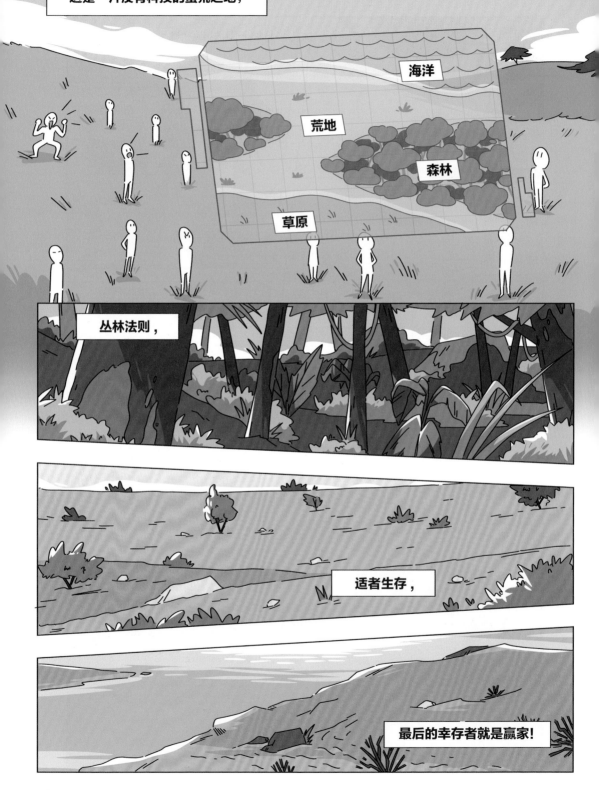

007

斑马玩家，**淘汰**！

残暴之爪！

斑马
（马科马属下三种动物的统称）
斑马标志性的黑白条纹能够让斑马像阴影一样躲避食肉动物的视线。

羚羊玩家，**淘汰**！

致命缠绕！

羚羊
（牛科羚羊亚科动物的统称）
长有空心而结实的角，有出众的奔跑速度和弹跳能力。

猛兽真是好可怕啊……

那些家伙！动物的生存本领可不只是捕猎！

就像这些动物玩家能靠环境隐蔽自己……

在哪儿呢？在哪儿呢？

拟色隐身

拨土遁地

变色龙
（爬行纲避役科动物的统称）
可以将身体变成周围环境的颜色。

土拨鼠
（啮齿目松鼠科旱獭属）
又名土属拨鼠草地獭，极擅挖洞的哺乳动物。

天色渐暗

他们走远了……

原来蝙蝠能发出超声波，再接收反弹声波分析出四面八方的环境，真好玩儿！

用超声波可以在没有光的黑夜和洞穴中移动……

放心吧，他们不会再来了！

我们趁机远离那些猛兽吧。

真遗憾呀……老虎可是夜行性动物。

你怎么变成蝙蝠都能乌鸦嘴啊!

可恶啊!为什么偏偏抽到蝙蝠卡……

震动

鸵鸟
陆地上最大的鸟类,不能飞行,
后肢粗壮有力,擅长奔走。

未完待续

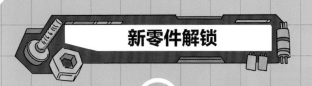

新零件解锁

科学之印的进度又增加了！

胖尼之铃·残缺版
——铃铛外形的生态培育箱

- 可模拟各种生态环境培育动植物

- 可加速生物成长

- 外观可切换透明和不透明两种模式

- 可以放大或缩小

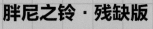

屠呦呦

1930—

中国著名药学家。多年从事中药和西药结合研究，突出贡献是创制新型抗疟药青蒿素和双氢青蒿素。1972年成功提取分子式为 $C_{15}H_{22}O_5$ 的无色结晶体，并将之命名为青蒿素。该药品可以有效降低疟疾患者的死亡率，因此屠呦呦获得诺贝尔生理学或医学奖。这是中国科学家因在本土进行科学研究而首次获得科学类诺贝尔奖，也是中医药成果获得过的国际最高奖项。

科学家档案

2022.6

动物世界

刺胞动物
身体呈辐射对称或两辐射对称，有口无肛门。

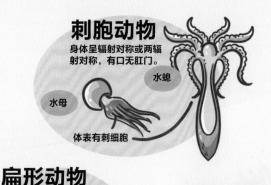

水螅

水母

体表有刺细胞

扁形动物
身体呈两侧对称，背腹扁平。

涡虫

有口无肛门

血吸虫

线形动物
身体两侧对称，呈长圆柱形。

体表有角质层

蛔虫

常无口，后端为肛门

根据身体内有没有脊椎骨组成的脊柱，可以把动物分为两大类。

环节动物
身体呈圆筒形，由许多彼此相似的体节组成。

沙蚕

蚯蚓

靠刚毛或疣足辅助运动

节肢动物
体表有发达坚韧的外骨骼。

克氏螯虾

蝗虫

身体和附肢都分节

软体动物
柔软的身体表面有外套膜，运动器官是足。

河蚌

蜗牛

大多具有贝壳

4 亿多年前，动物开始由海洋向陆地移居，一些早期昆虫成为最早的陆地动物，随后两栖类动物和爬行类动物出现。

距今约 2.5 亿年前的二叠纪末期发生大灭绝，大多数门类动物灭绝。

距今 5 亿多年前的寒武纪时期，生命大爆发，现今所知的动物门类几乎都已出现。

鱼

生活在水中，种类很多，占脊椎动物种类的一半以上。

鲈鱼

体表有鳞片覆盖，用鳃呼吸

通过尾鳍和躯干部的摆动以及其他鳍的协调作用游泳

两栖动物

幼体生活在水中，用鳃呼吸。

虎纹蝾螈

黑斑侧褶蛙

成体大多生活在陆地上，也可在水中游泳；用肺呼吸，皮肤可辅助呼吸。

脊椎动物

爬行动物

体表覆盖角质鳞或角质板，用肺呼吸。

绿海龟

眼镜蛇

在陆地上产卵，卵表面有坚韧的卵壳。

鸟

体表覆盖羽毛，前肢演化成翼。

卵生

鸽子

有气囊辅助肺呼吸

哺乳动物

除了鲸等少数水生种类体毛退化，大多数哺乳动物的体表都有毛。

白鲸

胎生，哺乳

安哥拉狮

牙齿有门齿、犬齿、臼齿的分化

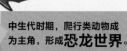

中生代时期，爬行类动物成为主角，形成**恐龙世界**。

中生代末期又发生大灭绝，大部分爬行类动物灭绝。但爬行类动物祖先的后代——哺乳类动物和鸟类于**新生代**登场。

02 | 第二章
动物大乱斗（下）

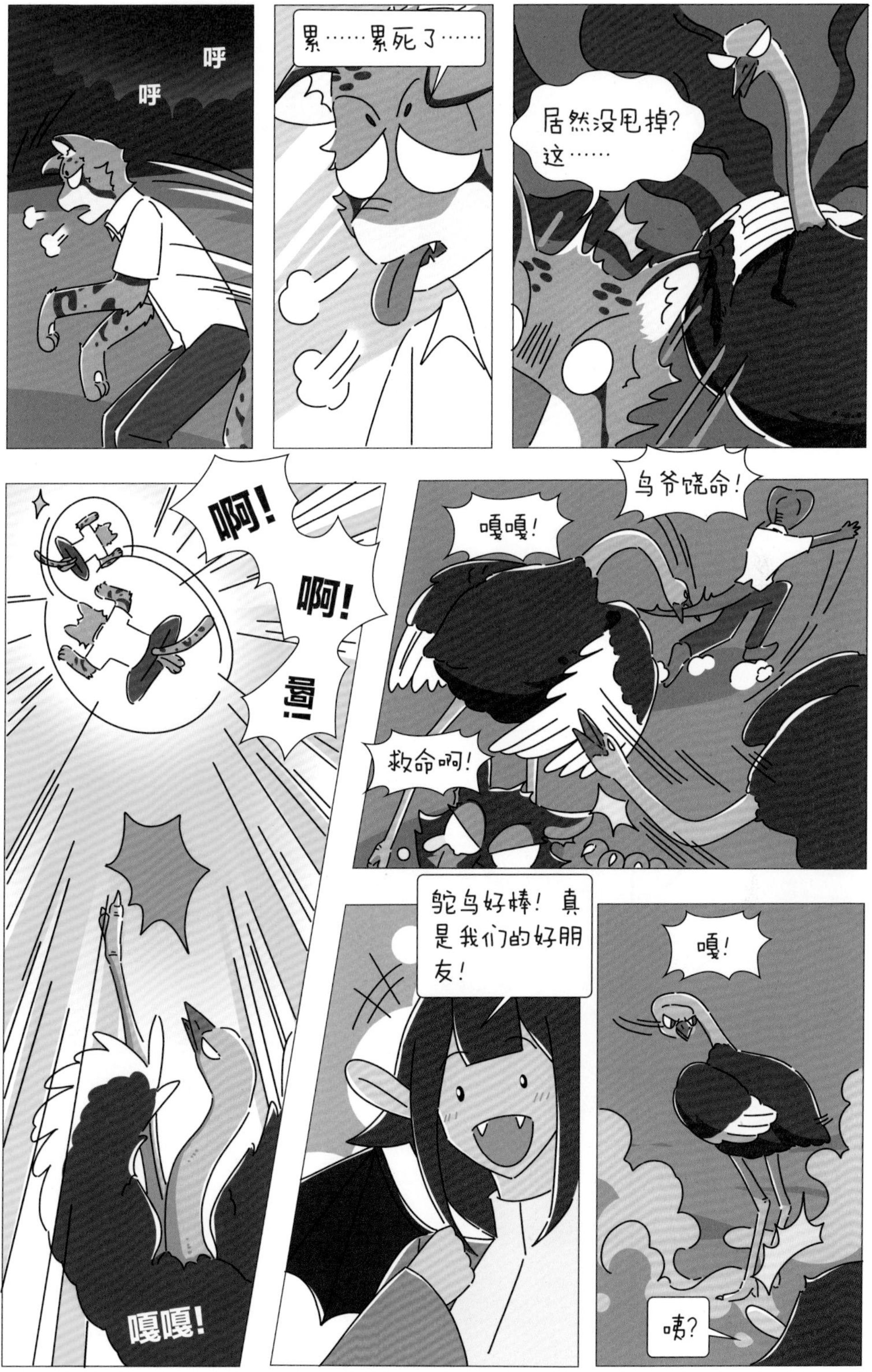
呼
呼
累……累死了……
居然没甩掉？这……
啊！
啊！
啊！
嘎嘎！
乌爷饶命！
嘎嘎！
救命啊！
鸵鸟好棒！真是我们的好朋友！
嘎！
咦？

关于鸵鸟的冷知识

鸵鸟喜欢斗舞，如果与它们尬舞一曲，有可能会得到它们的认可。

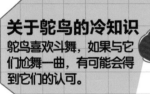

由于有玩家触发隐藏剧情，游戏规则改变

进化果实
（蕴含神秘力量的超级果实）

率先获得果实的玩家即可赢得游戏的胜利！

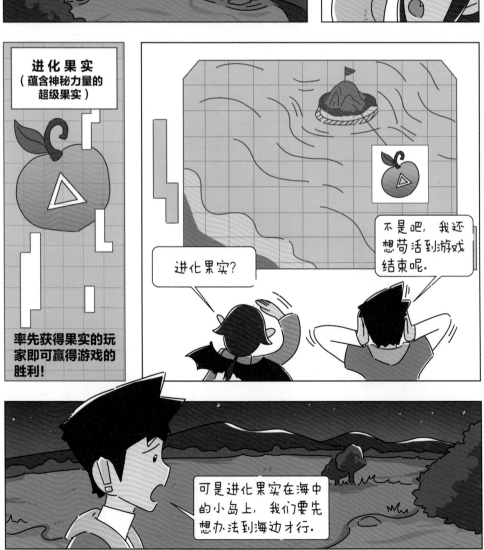

进化果实？

不是吧，我还想苟活到游戏结束呢。

可是进化果实在海中的小岛上，我们要先想办法到海边才行。

海边

谢谢你们，再见了！

嘎——

下次再一起跳舞呀！

大可不必！

进化果实就在那边的小岛上。

嘻嘻嘻……

终于轮到我出马了！

鲨鱼
（脊椎门软骨鱼纲动物）
极为嗜血，有惊人的嗅觉，能从很远的地方闻到血的味道。

久等了!

嘿!

什么……这绝对不可能!

这个还给你们!

嗖——

鲨鱼仔,竟然打输了?!

啪!

可恶,等上岸再让你们见识我森林之王的厉害!

快……快给我追上他们!

还不死心……

海豚游得比海龟快,而且你好重……

血,会引来鲨鱼……

蝙……蝙蝠有病毒，要吃就先吃我吧！

啊啊啊啊啊啊，救命啊……

米吴看起来不好吃吗？

不理我们？

哗啦

我查到了！这是海鬣蜥，不是大怪兽。

海鬣蜥
（仅出没在科隆群岛的鬣蜥亚目物种）
喜欢喝海水、吃海藻及其他水生植物，
是世界上唯一能适应海洋生活的鬣蜥。

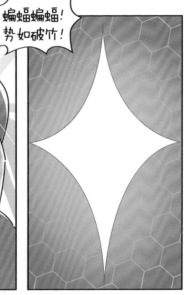

科学之印的进度又增加了！

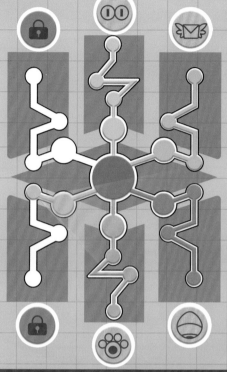

自动捕虫网
——猫头形状的捕虫网

- 尺寸可调，除了昆虫，还能捕获各种其他小动物

- 柔性材质，精准捕捉，绝不会弄伤动物

- 可以自动侦测和识别附近的动物

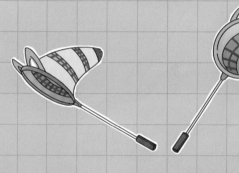

049

动物之最

最大的动物——蓝鲸

蓝鲸身长可达 33 米，体重相当于 30 多头成年大象体重的总和，蓝鲸的心脏体积和一辆小轿车差不多。

飞得最快的动物——尖尾雨燕

尖尾雨燕有一对剪刀尾和镰刀般的翅膀，飞行速度最快可达 352 千米 / 时，飞 100 米几乎只要一秒钟！

外壳最坚硬的动物——鳞角腹足蜗牛

生活在几千米之下的深海，外壳刀枪不入，还可以不断地吸收周围环境中的含铁物质，外壳变得越来越厚实。

人类是智商最高的动物！

最小的动物——H39

H39 是一种原生动物的代号，只由一个细胞组成，最大直径 0.3 微米，300 多只连起来才达到一张纸的厚度。

跑得最快的动物——猎豹

最快速度达 120 千米 / 时。从最长的蓝鲸头部跑到尾部只需要一秒钟！猎豹有着长长的腿和纤细的身体，非常适合奔跑。

眼睛最多的动物——蜻蜓

蜻蜓有一对复眼，每只复眼由 1000~28000 只小眼睛构成，所以蜻蜓眼睛最多达 5.6 万只！

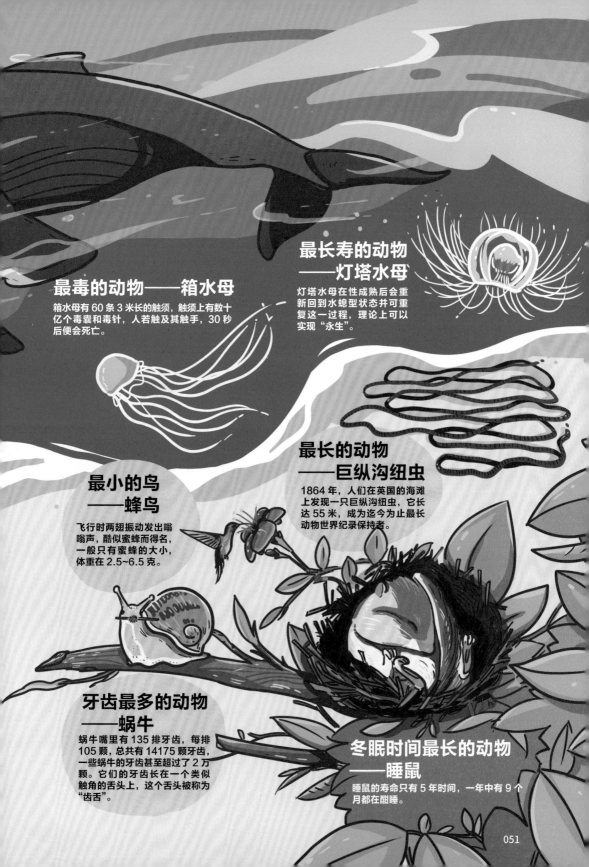

最毒的动物——箱水母

箱水母有 60 条 3 米长的触须，触须上有数十亿个毒囊和毒针，人若触及其触手，30 秒后便会死亡。

最长寿的动物——灯塔水母

灯塔水母在性成熟后会重新回到水螅型状态并可重复这一过程，理论上可以实现"永生"。

最长的动物——巨纵沟纽虫

1864 年，人们在英国的海滩上发现一只巨纵沟纽虫，它长达 55 米，成为迄今为止最长动物世界纪录保持者。

最小的鸟——蜂鸟

飞行时两翅振动发出嗡嗡声，酷似蜜蜂而得名，一般只有蜜蜂的大小，体重在 2.5~6.5 克。

牙齿最多的动物——蜗牛

蜗牛嘴里有 135 排牙齿，每排 105 颗，总共有 14175 颗牙齿，一些蜗牛的牙齿甚至超过了 2 万颗。它们的牙齿长在一个类似触角的舌头上，这个舌头被称为"齿舌"。

冬眠时间最长的动物——睡鼠

睡鼠的寿命只有 5 年时间，一年中有 9 个月都在酣睡。

03

第三章
神奇生物岛（上）

化石大发掘

快看！"神奇造物主"又在直播了。

神奇生物在哪里？

神奇造物主？

猜猜我是谁

神奇造物主

1楼: 渡渡鸟？不是早就灭绝了吗？
2楼: 这是《山海经》里的怪鸟吧！
3楼: P图狂魔又来了，100% 纯特效。
4楼: 这个人每次都直播神奇的生物。
5楼: 看起来很真啊！

定位: 南太平洋, 尼瓜拉嘎西马哈岛

神奇造物主

1楼: 定位是真的吗？这岛没船也没飞机呀！
2楼: 去了就能看见神奇生物？
3楼: 能不能抓来卖钱？肯定很值钱吧！
4楼: 这什么鸟不生蛋的地方，一看就是骗人的！

食物链：一切生物为了维持生命都必须从外界摄取能量和营养，以这种能量和营养的联系而形成的各种生物之间的链索被称为食物链。

营养级：食物链中的一个环节，指处于食物链同一环节上所有生物物种的总和。

第一营养级

生物能量的源头来自太阳，植物通过光合作用将太阳的能量储存在体内，它们被称为生产者。

第二营养级

食草动物会吃掉植物，是初级消费者。

第四营养级

大型食肉动物会吃掉小型食肉动物，是三级消费者。

那谁能吃掉老虎呢？

它们是这条食物链的顶端掠食者，没人能吃掉它们。

啊？

它们是无敌的？那岂不是会越来越多，最后满世界都是老虎！

食物链中，每个营养级只有大概10%的营养能传递到下一个营养级。

1%
10%
100%

这是什么意思啊？

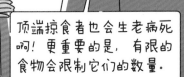

顶端掠食者也会生老病死啊！更重要的是，有限的食物会限制它们的数量。

反过来说，岛上这么丰富的植物资源，不可能只有这寥寥几只动物。

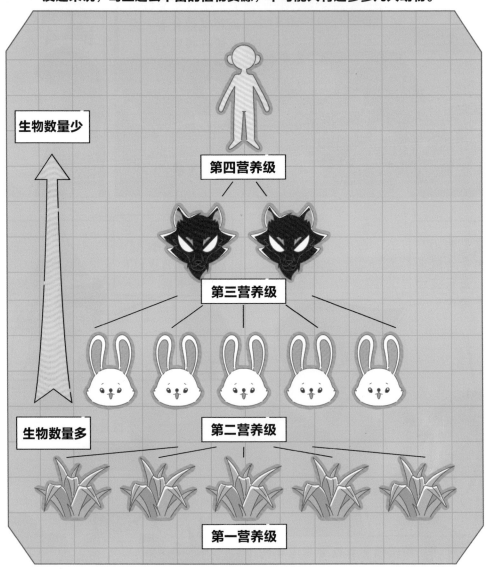

所以……

一讲到科学,她睡得比我还快……

咦?那些树好像有点儿奇怪?!

哪里?哪里?是神奇古生物吗?

让我看看……

齿痕?这好像是被动物啃得脱皮了。

这里有好多没见过的黑果子!

让我分析一下!

吧唧吧唧

动物死后的尸体会被"分解者"分解和处理，并转化为土壤中的肥料。

肥料的营养会重新被生产者利用，形成生态循环……

什么声音？好吓人啊！

哗啦啦

哗啦啦

哗 哗 哗 哗

大怪兽来啦！

快跑啊！

唰——

唰——

岛上的植物这么多，说明兔子并不是一直这么多的……

所以呢？

这里应该有爱吃兔子的狐狸或类似的动物，能把兔子的数量控制住……

兔兔那么可爱，怎么能吃兔兔？

但出于某种原因，狐狸消失了，兔子才会泛滥成灾。

也许出现了爱吃狐狸的大型猛兽……

狐狸消失？为什么？

难道直播里的神奇古生物都是真的？

嘿嘿，我的投影又立功了！

击掌庆祝

"达尔文计划"？乌德这次又想做什么坏事……

嗒嗒嗒——

又有人来了！

嗒嗒嗒嗒嗒嗒

糟糕！投影还没重置好！

怎么办？怎么办？

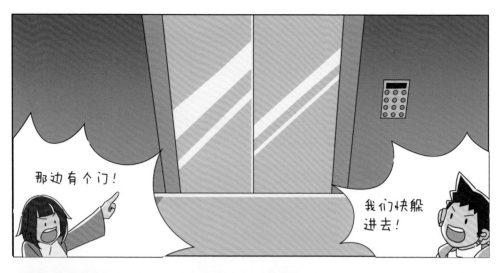

未完待续

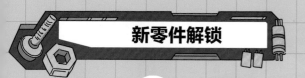

新零件解锁

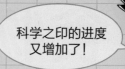

科学之印的进度又增加了！

灭菌灯

——可以消杀细菌，打造安全卫生的环境

- "紫外线＋臭氧"等多种消毒功能
- 对人体无害
- 杀菌率高达 99%

食物之链

绿色植物被食草动物吃，食草动物被食肉动物吃，食肉动物又被另一些食肉动物吃，这种不同生物间吃和被吃的关系形成了食物链．

食物链有 3 种类型

① 捕食食物链

生物间以捕食关系而构成的食物联系，从活的绿色植物到食草动物再到食肉动物。

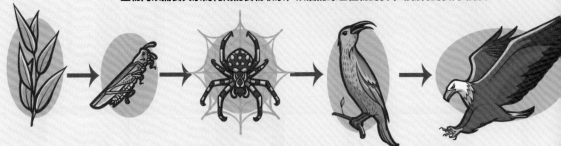

多数生物能吃多种动物或植物，这种食物链彼此交错链接就形成了**食物网**。

食物网越复杂，一个生态系统就越稳定，越能抵抗外界干扰。

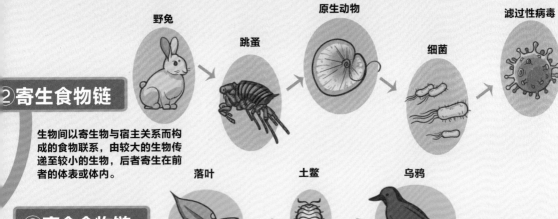

野兔 → 跳蚤 → 原生动物 → 细菌 → 滤过性病毒

②寄生食物链

生物间以寄生物与宿主关系而构成的食物联系，由较大的生物传递至较小的生物，后者寄生在前者的体表或体内。

③腐食食物链

落叶 → 土鳖 → 乌鸦

又称碎屑食物链，腐烂的动物尸体或植物体被微生物分解利用。

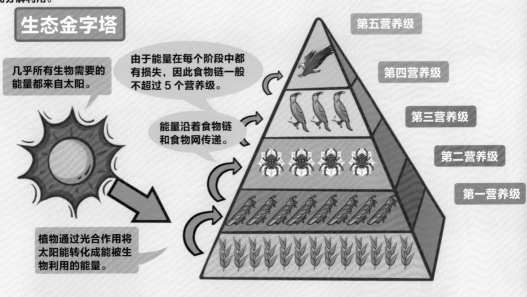

生态金字塔

几乎所有生物需要的能量都来自太阳。

由于能量在每个阶段中都有损失，因此食物链一般不超过 5 个营养级。

能量沿着食物链和食物网传递。

植物通过光合作用将太阳能转化成能被生物利用的能量。

第五营养级
第四营养级
第三营养级
第二营养级
第一营养级

食物链异常

美国黄石公园的灰狼被人类消灭后，加拿大马鹿数量猛增，它们肆意地食用杨树幼苗导致公园的杨树衰退，使多种生物的生存受到严重威胁。

这件事说明生态系统有自己维持稳定的办法，而人类不尊重自然规律的行为，一定会受到自然给予的惩罚。

04 | 第四章
神奇生物岛（下）

实验品误触警报而已，这里非常隐蔽，警察根本找不到。

上次直播不小心发了定位……

应该不会被人发现吧?!

那就好……我可不想因为非法实验被抓去坐牢……

啊！他就是"神奇造物主"！

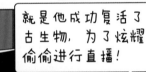

就是他成功复活了古生物，为了炫耀偷偷进行直播！

别废话，说说实验进度！

是！

阿尔迪发育得非常好，"达尔文计划"进展顺利！

阿尔迪？

好！

下一步就是批量生产！

抓紧干，别偷懒！

好，好……

心好累啊……

他们说的阿尔迪到底是什么东西？

哎哟！

后面有声音！

是人的叫声！

爬回去看看。

快速爬行

监控

哎哟！

091

阿尔迪画画比可霏好!

胡说!

哎哟!

滚下——

啊啊啊啊啊!

砰!

好大一片草啊……

我们去对面的丛林躲一躲吧!

好!

别站那么高，会被发现的！

冲！

你的爬行姿势……

我乐意！这是我独创的省力爬行法！

过了一会儿

人类果然不适合爬行！

呀

为什么人类爬起来这么累啊？

我们的祖先进化成用两只脚走路就是为了省力的。

你是说我们以前都是爬行吗？

人类最早是生活在树上的森林古猿，就像现在的猴子一样用四肢爬行。

但后来因为气候变化，大片的森林消失了，祖先们被迫下地生活。

他们发现在地上用两只脚走路更省力，消耗的食物也更少。

随着站起来的人越来越多，人类就慢慢演化成直立行走的动物了。

而且祖先生活在草地上，必须站起来才能辨别方向。

嗯？

啊！

完了，被发现了！

那边有动静！

嗯！

沙沙沙

丢

是这边啦，没听见声音吗？！

趁现在，我们快跑！

嗯！

刚才好险啊……

还是站起来比较舒服。

当然啦！人类已经习惯性直立行走几百万年了。

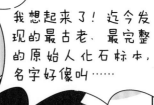

我想起来了！迄今发现的最古老、最完整的原始人化石标本，名字好像叫……

名字好像叫……

呀！！

阿……阿尔迪！

你就是阿尔迪？

她长得好像介绍的尼安德特人，但他们应该在三万年前就灭绝了呀？！

此时，控制室内

钻出……

ZZZ

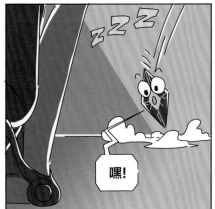

嘿！

嗯？

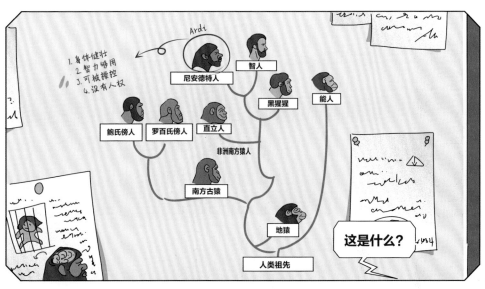

Ardi

1. 身体健壮
2. 智力够用
3. 可被操控
4. 没有人权

尼安德特人

智人

黑猩猩

能人

鲍氏傍人

罗百氏傍人

直立人

非洲南方猿人

南方古猿

地猿

人类祖先

这是什么？

凝视

……

米吴，我知道什么是"达尔文计划"了！

？

捏

啊？

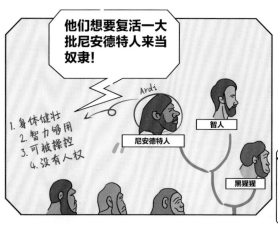

他们想要复活一大批尼安德特人来当奴隶！

1. 身体健壮
2. 智力够用
3. 可被操控
4. 没有人权

Ardi

尼安德特人

智人

黑猩猩

啊？把这样的小孩训练成奴隶？

可恶！这是人干的事情吗？

！

阿尔迪！

阿……阿尔迪！

她想说什么？

阿尔迪！

刷刷

刷刷

哇哦！

她真的画得比你好……

闭嘴！

哎哟！！

成功了！

好多蜜蜂啊！快跑！

太棒了！

啊！！

哎呀！

怎么会有长得像树桩一样的猫头鹰啊？在这里伪装这么久，我们都没发现。

生物伪装术

这是物竞天择！

很久以前，森林里有很多种颜色不同的猫头鹰。

其中有些猫头鹰的颜色有点儿像树桩，它们更难被天敌发现，也更容易猎捕到食物。相比之下，那些颜色不像树桩的同类很难活下来，时间一久，后者就慢慢被自然淘汰了。

一代代的猫头鹰也就越来越像树桩，最后演化成一个长得和树桩一模一样的新物种。

这就是自然选择带来的进化。

狗？！

好神奇啊！你说历史上有没有伪装成树桩的狗？

你想自己在岛上生活？为什么呀？

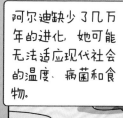

阿尔迪缺少了几万年的进化，她可能无法适应现代社会的温度、病菌和食物。

而且复杂的人类世界，也许不是她最好的归宿……

我们会经常来看你的！

要好好练习画画哦！

阿尔迪，再见！

阿尔迪！

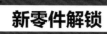

新零件解锁

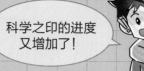

科学之印的进度又增加了！

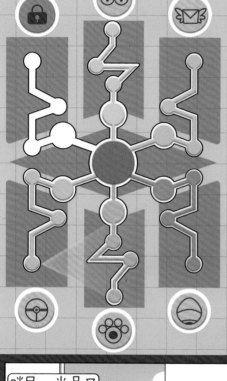

生物营养液

——只要一滴就能给生物快速补充能量

- 高效吸收，能为生物迅速充能
- 富含多种维生素及微量元素，可催化生长
- 榴梿口味，流连忘返，回味无穷

胖尼，米吴又用脑过度了！

嗯？

刚好用得上这个营养液。

等等，这是用来喝的！

天呀！

哇！

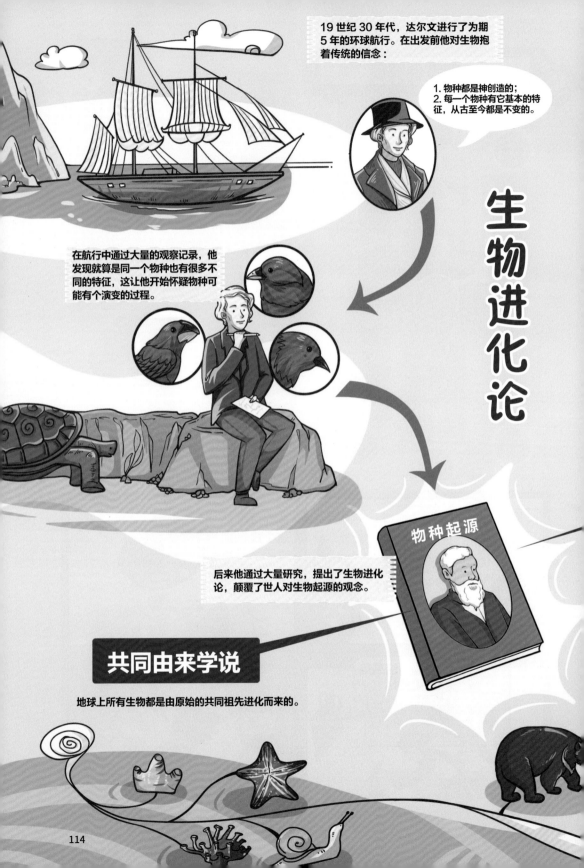

19 世纪 30 年代，达尔文进行了为期 5 年的环球航行。在出发前他对生物抱着传统的信念：

1. 物种都是神创造的；
2. 每一个物种有它基本的特征，从古至今都是不变的。

在航行中通过大量的观察记录，他发现就算是同一个物种也有很多不同的特征，这让他开始怀疑物种可能有个演变的过程。

生物进化论

后来他通过大量研究，提出了生物进化论，颠覆了世人对生物起源的观念。

物种起源

共同由来学说

地球上所有生物都是由原始的共同祖先进化而来的。

生物会发生变异，那些出现有利变异的个体更能适应环境并生存下来，留下后代的机会也更多，出现不利变异的则被淘汰。

变异

竞争

遗传

生物能够把变异传给下一代，群体中具有有利变异的个体经代代繁衍会越来越多，微小的变异不断积累，最终形成新的生物类型。

生存空间和食物是有限的，生物必须"为生存而斗争"。

自然选择学说

达尔文还发现，物种不是单独进化的，生物之间是在相互影响中不断进化和发展的，这就是共同进化。

随着生物科学的进步，人们对生物进化的解释也在逐步深入，一代代学者在不断完善着达尔文的生物进化论，该理论也一直在发展中。

我嘴长这么长是为了吃你的粉。

变异的本质其实是种群基因的定向改变。

我里面这么深就是为了让你帮我传粉。

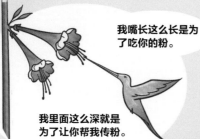

生物进化论改变了人们对自然的看法，也使人类认识到自己其实是从猿演化而来的。

阿尔迪，专业术语叫地猿始祖种，是1992年在埃塞俄比亚被发现的一具女性原始人骨骼化石，身高1.2米左右，体重约50千克，经测定她生活在距今约440万年前，是迄今发现的最古老、最完整的原始人化石标本。

阿尔迪化石复原